BEI GRIN MACHT SICH IHR WISSEN BEZAHLT

- Wir veröffentlichen Ihre Hausarbeit, Bachelor- und Masterarbeit

- Ihr eigenes eBook und Buch - weltweit in allen wichtigen Shops

- Verdienen Sie an jedem Verkauf

Jetzt bei www.GRIN.com hochladen und kostenlos publizieren

Bettina Müller

Die Almwirtschaft in Südtirol

Historische und aktuelle Entwicklung

GRIN Verlag

Bibliografische Information der Deutschen Nationalbibliothek:

Die Deutsche Bibliothek verzeichnet diese Publikation in der Deutschen National-
bibliografie; detaillierte bibliografische Daten sind im Internet über http://dnb.d-
nb.de/ abrufbar.

Dieses Werk sowie alle darin enthaltenen einzelnen Beiträge und Abbildungen
sind urheberrechtlich geschützt. Jede Verwertung, die nicht ausdrücklich vom
Urheberrechtsschutz zugelassen ist, bedarf der vorherigen Zustimmung des Verla-
ges. Das gilt insbesondere für Vervielfältigungen, Bearbeitungen, Übersetzungen,
Mikroverfilmungen, Auswertungen durch Datenbanken und für die Einspeicherung
und Verarbeitung in elektronische Systeme. Alle Rechte, auch die des auszugsweisen
Nachdrucks, der fotomechanischen Wiedergabe (einschließlich Mikrokopie) sowie
der Auswertung durch Datenbanken oder ähnliche Einrichtungen, vorbehalten.

Impressum:

Copyright © 2007 GRIN Verlag, Open Publishing GmbH
Druck und Bindung: Books on Demand GmbH, Norderstedt Germany
ISBN: 978-3-656-44840-2

Dieses Buch bei GRIN:

http://www.grin.com/de/e-book/155883/die-almwirtschaft-in-suedtirol

GRIN - Your knowledge has value

Der GRIN Verlag publiziert seit 1998 wissenschaftliche Arbeiten von Studenten, Hochschullehrern und anderen Akademikern als eBook und gedrucktes Buch. Die Verlagswebsite www.grin.com ist die ideale Plattform zur Veröffentlichung von Hausarbeiten, Abschlussarbeiten, wissenschaftlichen Aufsätzen, Dissertationen und Fachbüchern.

Besuchen Sie uns im Internet:

http://www.grin.com/

http://www.facebook.com/grincom

http://www.twitter.com/grin_com

Universität Regensburg
Institut für Geographie
Lehrstuhl Physische Geographie

SS 2007

Die Almwirtschaft in Südtirol:

historische und aktuelle Entwicklung

<u>**Inhaltsverzeichnis**</u>

A. Einleitung

Seit langer Zeit zieren die Almregionen das Landschaftsbild Südtirols und dienen einer traditionellen Alm- und Bergwirtschaft. Almen und die Almwirtschaft sind jedoch nicht nur auf die Alpen beschränkt. Sie existieren weltweit in ähnlichen Formen, wie etwa im Jura, in den Vogesen, in den Pyrenäen, im Kaukasus, in den Karpathen, in Norwegen oder bei den Nomaden in Tibet. Die Almwirtschaft selbst ist kein einfacher Zweig der Berg-Landwirtschaft, denn sie besteht aus einem komplexen Beziehungsgefüge aus Ökonomie, Ökologie und Soziokultur. Der menschliche Eingriff in dieses Gefüge kann vielfache positive, aber auch negative Reaktionen hervorrufen. Südtirol wird auch als das Land im Gebirge bezeichnet, da fast 2/3 der Fläche über 1500 Meter hoch liegen. Die Provinz Südtirol liegt am Südrand der Zentralalpen (vgl. Abb.1).

Abb. 1: Trentino-Südtirol (Quelle: http://de.wikipedia.org/wiki/Trentino-S%C3%BCdtirol)

Dazwischen schneiden viele Täler und Talebenen der Flüsse Etsch, Eisack und Rienz das Gebirge ein (vgl. Abb.2). Hier schlägt das wirtschaftliche Herz Südtirols und befinden sich die größten Städte, da sich in den Tälern auch zugleich die wichtigsten Verkehrswege, wie der Brenner- oder Reschenpass befinden. Diese Pässe sind Südtirols Pforten nach Norden. Nach Süden führt das Eisack- Tal zum Bozener Becken, wo sich der Fluss mit dem zweitlängsten Italiens, dem Adige (Etsch), vereinigt.

Abb. 2: Etschtal zwischen Meran und Bozen (Quelle: http://de.wikipedia.org/wiki/Etsch)

Auch nach Osten gibt es einen breiten Durchlass durch die Gebirgsbarrieren, durch das große Pustertal, das über die Flüsse Rienz und Drau mit dem Donauraum verbunden ist. Nur nach Westen türmen sich die Berge fast unüberwindlich auf. Hier steht auch der höchste Berg Südtirols, der Ortler, mit 3905 Metern Höhe (vgl. Abb. 3).

Abb. 3: Der Ortler (Quelle: www.suedtirolerland.it)

Südtirol (ital.: *Alto Adige*) bildet zusammen mit der Provinz Trient (ital.: *Trentino*) die autonome Region Trentino-Südtirol. Die Landeshauptstadt Südtirols ist Bozen. Südtirol hat rund 489.000 Einwohner (Stand März 2007) und ist in mehrere Provinzen aufgeteilt (vgl. Abb. 4).[1]

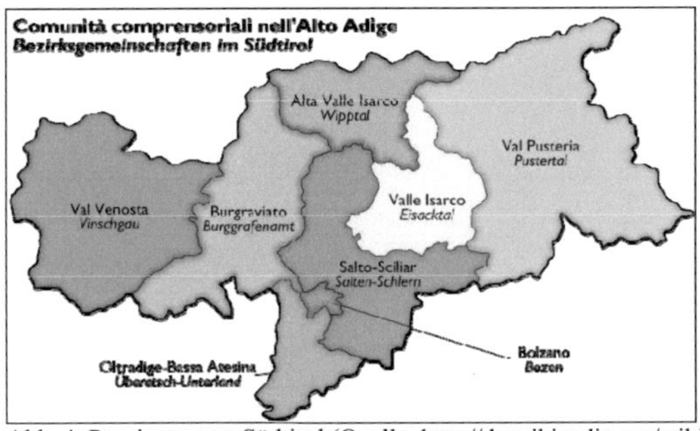

Abb. 4: Provinzen von Südtirol (Quelle: http://de.wikipedia.org/wiki/Bezirksgemeinschaft)

Die gesamte landwirtschaftlich genutzte Fläche in Südtirol beträgt 248.750 Hektar (Stand 2006), was 34% der Landesfläche darstellt. Fast 90% der Almfläche liegen im Berggebiet und sind meist Hochalmen. Ungefähr 50% des Viehbestandes werden jährlich gealpt und entlasten somit den Talbetrieb während der Sommermonate. Anhand dieser Zahlen ist erkennbar, welche Bedeutung die Almwirtschaft für Südtirol hat.[2] Deren historische und aktuelle Entwicklung stellen das Thema dieser Arbeit dar.

---

[1] Vgl. Alexander (2003); www.wikipedia.de
[2] Vgl. Alexander (2003), S. 17 f.; Provincia Bozen, Südtiroler Bürgernetz

B. Hauptteil

1.   *Was ist Almwirtschaft?*

1.1. Begriffserklärung

Die Almwirtschaft ist eine Besonderheit der Gebirgsländer und nach der Definition von Grass

„nicht die gesamte Wirtschaft in den Alpenländern, sondern die Viehwirtschaft in der Almregion, also der im Gebirge vorwiegend oberhalb der klimatischen Waldgrenze gelegenen Pflanzenregionen. Diese Nutzung ist zeitlich nur während der schneefreien, wärmeren Jahreshälfte möglich und geschieht vornehmlich durch Beweidung, dann zum Teil auch durch Heugewinnung." [3]

Die Almwirtschaft erinnert an die Viehwirtschaft nomadischer Hirtenvölker, deren horizontal ausgerichteten Weidebetrieb sie in die Vertikale des Gebirges überträgt.

Eine Alm ist eine Betriebseinheit, ein Wirtschaftskörper im Gebirge, der aufgrund seiner Höhenlage und klimatischen Bedingungen vor allem im Sommer durch Viehhaltung genutzt werden kann. Die Alm bildet zusammen mit dem Heimgut eine Wirtschaftseinheit.

Der Begriff *„Alm"* wird vor allem im bajuwarischen Sprachgebrauch (Oberbayern, Tirol, Salzburg, Kärnten, Steiermark, Ober- und Niederösterreich) gebraucht, während man im alemannischen (Schweiz, Allgäu, Vorarlberg) meistens *„Alp"* verwendet. [4]

Das Wort *„alp"* ist keltischen Ursprungs, aber es könnte auch vom lateinischen *„alpes"* stammen, was Gebirge bedeutet. Vom mittelhochdeutschen *„alben"* leitet sich unser heutiges Wort Alm ab. [5]

1.2. Einteilung der Almen

Eine Einteilung der verscheiden Almen kann nach der Höhenlage erfolgen. Hierbei unterscheidet man **Niederalmen**, die in Höhen von 900 bis 1200 Metern innerhalb des Wirtschaftswaldes und der normalen örtlichen Dauersiedlungen liegen. Des Weiteren gibt es **Mittelalmen** in Höhen von 1200 bis 1600 Metern, die sich über der normalen Siedlungsgrenze befinden. **Hochalmen** über 1600 Meter sind nur noch durch die örtliche Almwirtschaft zu nutzen.

---

[3] Vgl. Grass (1990), S. 7
[4] Vgl. Leidenfrost/ Pascher (1958), S. 113 f.
[5] Vgl. Grass (1990), S. 7

Niederalmen zeichnen sich durch ihre klimatisch milde, verkehrsgünstige Lage aus und sind vor allem zur Sömmerung des Milchviehs geeignet. Im Zusammenhang mit höher liegenden Hauptalmen dienen sie oft als Voralm zur Heugewinnung. Die Weidezeit beträgt auf der Niederalm 140 bis 160 Tage.

Mittelalmen sind meist Kuh- und Jungviehalmen, deren Weidezeit 100 bis 140 Tage beträgt. Hochalmen sind besonders als Jungvieh- und Galtalmen oder Pferde- und Schafalmen geeignet. Sie befinden sich in der größten Höhe und haben durch das dort herrschende Klima die würzigsten Kräuter.[6] Die Weidezeit ist 60 bis 80 Tage lang.[7]

Ein weiteres Kriterium der Einteilung stellen die Eigentumsverhältnisse dar. Man unterscheidet Gemeinschaftsalmen, die sich im Eigentum einer Gemeinschaft befinden und in denen Kosten und Arbeit aufgeteilt werden können, von Privat- oder Einzelalmen, die sich im Eigentum einer Privatperson befinden. Bei dieser Form der Almen können Maßnahmen zur Weiterentwicklung aufgrund kürzerer Entscheidungsprozesse schneller umgesetzt werden. Außerdem gibt es noch Gemeinde-, Landes- oder Bundesalmen, die sich im jeweiligen Besitz befinden, zudem Pachtalmen, Zinsviehalmen, Genossenschaftsalmen und Servitutsalmen, deren Besitzer ein Recht auf Nutzung haben, wobei der Grundeigentümer der Bund oder das Land ist.[8]

1.3. Almfunktionen

Die Alm- und Weidewirtschaft hat nach Brugger [9] fünf Funktionen. Zum einen ist dies die **Nutzfunktion**. Durch eine Vergrößerung des Viehbestandes aufgrund der Almen kommt es zu einer Verbesserung der Existenzgrundlage der Bergbauern. Außerdem werden die Aufzuchtkosten für das Vieh gesenkt, das auf den Almen weiden kann, die Arbeitsspitzen gebrochen, was eine Erleichterung für einen Zu- oder Nebenerwerb nach sich zieht und biologisch hochwertige Nahrungsmittel erzeugt (Milch, Käse, Butter). Zudem haben Almen einen positiven Einfluss auf die Tiere, die fruchtbarer sind, eine stärkere Muskulatur haben und meist länger leben.

---

[6] Erklärung: zwar nimmt proportional zur absoluten Höhe das Längenwachstum der Pflanzen ab, aber die Qualität steigt an, weil kleinere Pflanzen einen erheblich höheren Energieumsatz tätigen als Flachlandpflanzen, da die Sonneneinstrahlung in größeren Höhen stärker ist. Dadurch nimmt der Protein- und Fettgehalt der Pflanzen zu und sie werden für Tiere nahrhafter und verdaulicher. Vgl. Bätzing (1988), S.12

[7] Vgl. Leidenfrost/ Pascher (1958), S. 111 f.

[8] Vgl. Leidenfrost/ Pascher (1958), S. 12ff.; Lebensministerium.at

[9] Brugger/ Wolfahrter (1983)

Eine weitere Funktion ist die **Schutzfunktion**, da durch eine gepflegte Alm Lawinen, Erosionen, Muren und Rutschungen verhindert werden und das Wasserspeicherungsvermögen des Bodens verbessert werden kann. Die dritte Aufgabe der Almen ist die der **Erholung**. Die Attraktivität des Landschaftsbildes wird durch die Offenhaltung des Geländes und die bewirtschafteten Almen stark angehoben, was sich wiederum positiv auf den Fremdenverkehr auswirkt.[10] Außerdem gibt es die **Wohlfahrtsfunktion**. Almen haben einen günstigen Einfluss auf die Umwelt, vor allem auf die Reinigung und Erneuerung von Luft und Wasser. Lärmbelästigung ist im Almbereich kaum vorhanden, dafür findet man eine sauberere und sauerstoffreichere Luft. Zuletzt ist noch die **ökologische** Funktion zu nennen. Gepflegte Almen erhalten das ökologische Gleichgewicht, da sie geschlossene Ökosysteme bewahren und die Biodiversität sogar noch steigern.[11]

2. *Historische Entwicklung der Almwirtschaft*

Die Almwirtschaft ist zwar der älteste Betriebszweig der Berglandwirtschaft, aber sie ist auch heute noch in den Alpenländern, so auch in Südtirol, sehr bedeutend. Die Entwicklung der Almwirtschaft reicht sehr weit zurück und ist von vielen geschichtlichen Ereignissen geprägt.

2.1. Steinzeit und Metallzeiten

Vereinzelte Spuren menschlicher Kultur im Alpenraum reichen bis in die ältere Steinzeit zurück, in der sich vor allem Jäger und Fischer in Höhen von 1000 bis 2000 m vorwagten. Auch am Grödnerjoch in Südtirol fand man bereits erste Hinweise menschlicher Existenz vor 9000 Jahren. In der jüngeren Steinzeit (5000-1700 v. Chr.) gibt es erste Anzeichen bäuerlicher Kultur vor allem auf den baumfreien Almflächen. Dies bildete die Vorstufe der Almwirtschaft. Damals lag die Hauptnutzung noch in der Alm- und Weidewirtschaft, die Winterhaltung in den tieferen Lagen, die oft vermurt oder versumpft waren, war ein notwendiges Übel. Heute ist es umgekehrt. In großen Tälern legten bereits in der Jungsteinzeit Ackerbauern und Viehzüchter Dauersiedlungen an, die teilweise in über 1000 m Höhe lagen.[12] Der sensationelle Fund des etwa 5300 Jahre alten *„Eis-Mannes vom Hauslabjoch"* (*„Ötzi"*) im Jahre 1991 gab erste historisch belegbare Hinweise auf den

---

[10] Vgl. Kap. 3
[11] Vgl. Brugger/ Wolfahrter (1983), S. 9ff.
[12] Vgl. Leidenfrost/ Pascher (1958), S. 5f.

vorübergehenden Aufenthalt von Menschen in hochalpinen Regionen.[13] Damals herrschten wesentlich mildere Klimabedingungen, deshalb waren Dauersiedlungen in höheren Lagen als heute möglich.[14] Bessere Beweise über die prähistorische Besiedlung als die archäologischen Funde liefern Namen von Orten, Bächen und Almen.

Erst mit der Entdeckung des Kupfers als Werkstoff in der Bronzezeit (1700-700 v. Chr.) setzte eine Wende ein. Der Bergbau entwickelte sich und um die dort arbeitenden Menschen ernähren zu können, muss bereits eine intensive Viehwirtschaft bestanden haben, denn der Getreideanbau in den vernässten Tallagen konnte allein nicht ausgereicht haben.[15] So verstärkten sich der Bergbau und die transhumane Almnutzung (*Transhumance* = Wanderschafhaltung) gegenseitig, so dass bereits ab dem zweiten Jahrtausend vor Christus eine intensivere Nutzung der oberen Almregion bestanden hatte. Mit der Sesshaftigkeit der Bauern, die das Gebirge nun nicht mehr nur im Sommer nutzten, mussten alle notwendigen Lebensmittel selbst produziert werden, das heißt Milch- und Fleischwirtschaft mussten durch Ackerbau ergänzt werden. Daher waren nun die Dauersiedlungsplätze an die obere Anbaugrenze gebunden, die heute in den Zentralalpen in etwa 2200 m Höhe liegt und früher ca. 300 m höher war.[16] Aus diesen Bedingungen heraus entwickelten die Menschen das System der Almwirtschaft, das der Bergregion optimal angepasst wurde. Der kurze Hochsommer auf der Alm musste so produktiv sein, dass der Winter durch die dort erzielten Erträge überstanden werden konnte.

2.2. Römerzeit und Zeit der Völkerwanderung im 6. Jahrhundert

Einige römische Autoren[17] liefern Nachweise, dass die Römer, als sie den Alpenraum eroberten (also um Christi Geburt) bereits eine weit entwickelte Bergbauernwirtschaft vorfanden. Mit dem Zusammenbruch des Römischen Reiches (476 n. Chr.) wanderten im Zuge der Völkerwanderung neue Stämme (Alemannen und Bajuwaren) in den Alpenraum ein und übernahmen und verbesserten die schon bestehenden Wirtschaftsformen. Sie lernten von den Romanen die Almwirtschaft. Aus dem romanischen Wort *senior* (der Älteste), der dem Almbetrieb vorstand, wurde beispielsweise das deutsche Wort *Senner*.

---

[13] Man fand Ötzi in den Ötztaler Alpen in der Grenzregion zwischen Nord- und Südtirol.
[14] Vgl. Lebensministerium.at
[15] Vgl. Leidenfrost/ Pascher (1958), S. 5f.
[16] Vgl. Bätzing (1988), S. 9f.
[17] Plinius: „Naturgeschichte"

Über Jahrhunderte hinweg blieben keltische Bezeichnungen oder römische Lehnwörter für Almen und Almgeräte in Verwendung, was auf eine ununterbrochene Weiterbewirtschaftung zu der Zeit schließen lässt.[18]

Durch das stetige Wachstum der Bevölkerung mussten nun auch großflächige Rodungen vorgenommen werden. Neben dem romanischen existierte nun auch ein germanischer Kultur- und Siedlungsraum. Während bei den romanischen Völkern Ackerbau und Viehzucht gleich stark ausgeprägt waren und sie deshalb fast völlig autark leben konnten, war bei den Germanen die Viehwirtschaft, in Form von Milchverarbeitung, Zucht und Fleischexport, vorrangig. Die Reduzierung des Ackerbaus erschloss den Germanen neue Siedlungsgebiete, da sie weniger von der Getreideanbauobergrenze abhängig waren. Daher ist es charakteristisch für den Alpenraum, dass germanische Siedlungen in romanischen Gebieten immer deutlich höher als diese lagen.[19] Ein Beispiel aus dem Südtiroler Raum ist die Seiser Alm, die seit 900 n. Chr. weidewirtschaftlich genutzt wird (vgl. Abb. 5).

Abb. 5: Seiser Alm (Quelle: www.suedtirol-blog.com)

2.3. Mittelalter bis Frühe Neuzeit (15.Jh.)

Die Blütezeit der Almwirtschaft im Alpenraum kann auf das hohe Mittelalter (11.bis 14. Jahrhundert) datiert werden. Der Siedlungsraum wurde in dieser Zeit erheblich vergrößert, in späteren Zeiten gab es nur noch vereinzelt Erweiterungen. In dieser Zeit wurde das Bild der Almen geprägt, wie wir es im Großen und Ganzen bis vor 50 Jahren kannten.

Ab dem 14./15. Jahrhundert fand eine Umwälzung der traditionellen Almwirtschaft statt. In Teilen der nördlichen Alpen wurde der Ackerbau völlig eingestellt und die Viehwirtschaft auf den Export von Käse und Vieh ausgerichtet. Im romanischen Bereich (auch Südtirol) hätte die gesamte Wirtschafts- und Eigentumsstruktur verändert werden müssen, um diese Entwicklung

---

[18] Vgl. Lebensministerium.at
[19] Vgl. Bätzing (1988), S. 25ff.

zu übernehmen, daher wurde die alte Wirtschaftsweise beibehalten. Es fanden also im größten Teil der Alpen zwischen dem 15. bis 19. Jahrhundert kaum Veränderungen statt. Verantwortlich dafür war auch die Veränderung des Klimas zwischen dem 15. und 19. Jahrhundert (Kleine Eiszeit von 1600 bis 1850), was zu wirtschaftlichen Schwierigkeiten führte, wodurch man hochgelegenen Almen aufgeben musste. Unter solchen Bedingungen stand wenig Potential für Neuerungen zur Verfügung. Auch der Verlauf der europäischen Geschichte wirkte sich negativ auf den Alpenraum aus. Dieser wurde nämlich immer stärker ins Abseits der neuen Staaten gedrängt und als Grenzraum wurden viele Kriege um die Region ausgefochten.[20]

2.4. Neuzeit

Zwischen 1800 bis etwa 1870 trat ein für die Almwirtschaft schmerzlicher Temperaturrückgang mit großen Eismassenzuwächsen ein. Das führte dazu, dass ab Ende des 19. Jahrhunderts viele Hochalmen aufgegeben wurden.[21] Um 1850 war das Bevölkerungsmaximum in den Alpen erreicht gewesen. Dann nahm die Zahl der Bergbauern aufgrund wirtschaftlicher Schwierigkeiten immer mehr ab. Die erste Wirtschaftskrise 1850 und die Bauernbefreiung zur gleichen Zeit verschlechterten die Bedingungen noch mehr.
Die Industrialisierung im 19. Jahrhundert führte zudem zur Verarmung vieler Bergbauern. Sie fanden in den Ballungsgebieten bessere Ausbildungs- und Beschäftigungsmöglichkeiten und verließen die Höfe.[22] Zu Beginn des 19. Jahrhunderts wurden bereits erste Almschutzgesetze zur Förderung und Verbesserung der Almwirtschaft erlassen, diese konnten jedoch die Abwanderungswelle auch nicht aufhalten.[23]

In der Zwischenkriegszeit veränderte sich die Struktur der Almen kaum, da die Bergbauern aufgrund der Kriegssituation nicht auf andere Beschäftigungen ausweichen konnten. Während des Zweiten Weltkrieges verringerte sich zwar der Viehbestand, trotzdem war die Almwirtschaft für die Milch-, Butter- und Fleischversorgung der Bevölkerung von großer Bedeutung.
In den 1950er Jahren verschlechterte sich die wirtschaftliche Lage der Landwirtschaft immer mehr, was sich auch auf die Almwirtschaft auswirkte. Hohe Löhne und Sozialkosten, teurere

[20] Vgl. Bätzing (1988), S. 42ff.
[21] Vgl. Lebensministerium.at
[22] Vgl. Paldele (1994), S. 11
[23] Vgl. Fischhuber/Glas (2003)

Waren und Geräte und niedrige Preise für landwirtschaftliche Produkte schmälerten die Rentabilität von Almen.

In den 1960er Jahren kam es durch die stärkere Einbeziehung ausländischer Märkte zur Preisstagnation und teilweise zum Preisverfall der landwirtschaftlichen Produkte. Das hohe Lohnniveau zwang die Bauern vermehrt Maschinen einzusetzen und Arbeitsplätze abzubauen. Die Almwirtschaft zog sich auf die produktivsten Böden zurück und ließ ertragsschwache oder maschinell nicht bearbeitbare Böden brachfallen.[24]

In den 1950er und 1960er Jahren erreichte der Bevölkerungsrückgang parallel zum „Wirtschaftswunder" dramatische Ausmaße. Die mittlere oder jüngere Generation der Bergbauern wanderte fast vollständig in Tourismusgebiete oder gänzlich aus dem Alpenraum ab. Dem folgte ein starker Brachlegungsschub der Südtiroler Almen von 27%.[25] Bis 1975 flachte diese Tendenz wieder ab, um dann wieder sprunghaft anzusteigen. Etwa 67% der heutigen Brachflächen in Südtirol wurden erst in den letzten 20 Jahren aufgelassen. Dies war einerseits abhängig von ökonomischen Gründen, da eine Almbewirtschaftung unrentabel geworden war, andrerseits vom sozialen Umfeld, da die junge Generation, also die Hofnachfolger, sich meist andere Arbeiten suchten. Die Einstellung der jüngeren Leute ist nicht mehr so stark abhängig von den traditionellen bäuerlichen Werten, sondern eher von ökonomischen Überlegungen. Daher lernen viele junge Menschen einen Handwerksberuf oder gehen in Industrie- oder Dienstleistungsbetriebe, anstatt die Almwirtschaft weiterzuführen. Heute ist der größte Teil der bergbäuerlichen Flächen Südtirols nur noch Zu- oder Nebenerwerbsbetriebe.[26]

Die Auswirkungen der verminderten Bewirtschaftung der Almen traten im Landschaftsbild immer stärker in Erscheinung und zogen zahlreiche negative, ökologische Folgen nach sich.

Fazit

Von prähistorischer Zeit bis ins 19. Jahrhundert waren die Alpen eine der wichtigsten Regionen Europas für den Abbau von Bodenschätzen, was auch für die Almwirtschaft extrem förderlich war. Das Almsystem wurde im Mittelalter vervollkommnet. Dies wurde auch in Form von Alpstatuten aus dem 17. Jahrhundert festgehalten. Durch die regelmäßige Beweidung und Bearbeitung änderte sich im Laufe der Zeit die Zusammensetzung der

---

[24] Vgl. Paldele (1994), S. 23ff.
[25] Vgl. Tasser/Tappeiner/Cernusca (2001), S. 77f.
[26] Vgl. Alexander (2003), S. 77f.

Vegetationsdecke. Dominierende Pflanzen, die sich sonst auf Kosten anderer ausgebreitet hatten, wurden zurückgedrängt, wodurch sich die Artenvielfalt immens vergrößern konnte. So erhielt die Almregion eine neue Qualität und ökologische Stabilität. Der Charakter der Almen ist also ein sich über Jahrhunderte entwickelndes Kulturprodukt und nicht natürlich entstanden.[27]

3. Aktuelle Situation

Heute weckt der Begriff Almwirtschaft bei den meisten Menschen positive Emotionen und besitzt einen hohen Stellenwert, sowohl bei der bäuerlichen, als auch bei der nicht-bäuerlichen Bevölkerung. Almprodukte werden mit einer naturnahen Wirtschaftsweise, die qualitativ hochwertige Erzeugnisse hervorbringt, gleichgesetzt.[28]

In den 1980er Jahren bereits änderte sich vielfach die Meinung der nicht-landwirtschaftlichen Bevölkerung zur Almwirtschaft. Durch ein gestiegenes Umweltbewusstsein erkennen immer mehr Menschen Almen als Erholungsraum und Ressource für naturnahe Ernährung. Daher ist heute eines der obersten Ziele der Almwirtschaft die Erzeugung qualitativ hochwertiger Agrarprodukte, um diesen Kundenstamm zufrieden stellen zu können.

Auch für den Fremdenverkehr ist die Almwirtschaft mittlerweile von großer Bedeutung. Bergbauern stellen ihre mit viel Aufwand gepflegten, landschaftlich reizvollen Almen für die touristische Nutzung zur Verfügung. Viele Liftanlagen, Skipisten, Loipen und Wanderwege führen über Almflächen.

Auf der Seiser Alm beispielsweise werden touristische Einnahmen durch den Umbau alter Almhütten in kleine Herbergen und Schutzhütten erzielt.[29]

Durch den Trend zu Natur- und Wandertourismus ist die Bedeutung von Almen in den letzten Jahren gestiegen und wird auch noch weiter steigen. Im Tourismus liegen daher die Entwicklungschancen, die zur Stärkung und Weiterführung der Almwirtschaft beitragen können. Der Tourismus sollte allerdings nur ein Zusatzeinkommen für die Bauern darstellen und nicht vorrangige Einkommensquelle sein, da die Tourismusbranche starken Schwankungen unterliegen kann.[30]

---

[27] Vgl. Bätzing (1988); S. 18ff.
[28] Vgl. Kaffenberger, Björn: Kultur und Tradition
[29] Vgl. Hartke/ Ruppert (1964), S. 63ff.
[30] Vgl. Lebensministerium.at

Die Almwirtschaft hat eine lange Tradition und ist daher ein sehr gutes Beispiel nachhaltigen Wirtschaftens. „Nachhaltige Entwicklung" wird definiert als eine Entwicklung, durch die die Bedürfnisse der gegenwärtigen Generation befriedigt werden, ohne die Fähigkeit zukünftiger Generationen zu beeinträchtigen, deren Bedürfnisse zu befriedigen. Die Erzeugung von tierischen Lebensmitteln auf Almen ist ein unverzichtbarer Beitrag zur alpenländischen Agrikultur. Durch die Nutzung von Almweiden als Futtergrundlage für Rinder, Schafe und Ziegen werden für den Menschen nicht direkt konsumierbare Pflanzenbestände (Gras, diverse Kräuter) in hochwertige Lebensmittel (Milch, Fleisch) umgewandelt. In der Vergangenheit zu wenig beachtete Nebeneffekte der Almwirtschaft sind das Offenhalten der Berglandschaft, die Erhaltung einer großen Biodiversität, sowie die Aufrechterhaltung der wichtigen Schutz- und Erholungsfunktion bewirtschafteter Almflächen. Almwirtschaftssysteme können auch in Zukunft von erneuerbarer, z.B. solarer Energie in Gang gehalten werden und stellen so eine ideale Wirtschaftsform, die im Einklang mit der Natur steht, dar. Wichtig ist aber auch, dass sich der Tierbesatz und die Wirtschaftsweise an die Ertragsleistung und Neigung der Almböden anpassen.[31]

C. Zukunftsprognose

In Zukunft müssen auf jeden Fall noch mehr geeignete Maßnahmen zur Verbesserung der Situation der Almwirtschaft getroffen werden. Man sollte Anstrengungen zur Förderung des Absatzes biologischer Erzeugnisse unternehmen, da es heute gute Absatzmöglichkeiten für naturbelassene Almprodukte aufgrund des stark expandierenden „Biokost"- Marktes gibt. Dieser richtet sich an ernährungsbewusste Konsumenten, die auch bereit sind, mehr dafür zu zahlen.

Des Weiteren sollten gute Rahmenbedingungen für Nebenerwerbsbauern geschaffen werden, die das außerlandwirtschaftliche Einkommen sichern. Dies kann beispielsweise durch Bereitstellung und Sicherung von Arbeitsplätzen in der Region geschehen.

Außerdem sollten landschaftspflegerische Leistungen honoriert werden. So kann auch die Bewirtschaftung extremerer Bergflächen, die sonst unrentabel wären, aufrechterhalten werden.[32]

---

[31] Vgl. Knaus (2007)
[32] Vgl. Tasser/Tappeiner/Cernusca (2001), S.78f.

Insgesamt kann man sagen, dass die Land- und damit die Almwirtschaft in Südtirol immer noch einen besonderen Stellenwert hat. Sie beschäftigt einen relativ großen Anteil der Bevölkerung (12,3% im Jahre 1999) und trägt zur regionalen Wertschöpfung bei.[33] Aus den vielen genannten Gründen sollten die Almen erhalten bleiben und weiterhin gepflegt werden.

---

[33] Vgl. Alexander (2003), S. 182.

Literaturverzeichnis:

- ALEXANDER, Helmut: Wirtschaft im globalen Raum. In: Das 20. Jahrhundert in Südtirol. Zwischen Europa und Provinz. Band 5. 1980 – 2000. Bozen (2003)
- BÄTZING, Werner: Die Alpen. Frankfurt am Main (1988)
- BRUGGER, Oswald/ Wolfahrter, Richard: Alpwirtschaft heute. Graz (1983)
- CARLEN, Louis/ IMBODEN, Gabriel: Alpe – Alm. Zur Kulturgeschichte des Alpwesens in der Neuzeit. Brig (1993)
- FISCHHUBER, Leonard/GLAS, Stefanie: Almen und Erosion (2003); www.eduhi.at/gegenstand/geographie/data/Almen_-_Erosion.pdf (Stand: Juli 2007)
- GRASS, Nikolaus.: Alm und Wein. Hildesheim (1990)
- HARTKE W./ RUPPERT K.: Almgeographie – Forschungsberichte. Wiesbaden (1964)
- KAFFENBERGER, Björn: Kultur und Tradition; www.staff.uni-mainz.de/.../Homepage%2012.12/Referate/Kaffenberger,%20Bjrn%20-%20Kultur%20und%20Tradition.pdf (Stand: Juli 2007)
- KNAUS, Wilhelm: Almwirtschaft als Beitrag zu einer nachhaltigen Erzeugung tierischer Lebensmittel (2007); www.tiroler-bauernbund.at/dataarchive/data55/knaus.pdf (Stand: Juli 2007)
- Lebensministerium.at; www.lebensministerium.at;
- LEIDENFROST, Kurt/ PASCHER, Otto: Almwirtschaft. Wien (1958)
- PALDELE, Bruno: Die aufgelassenen Almen Tirols. Innsbruck (1994)
- Provincia Bozen, Südtiroler Bürgernetz; www.provincia.bz.it/Agricoltura/publ/publ_getreso.asp?PRES_ID=59375 (Stand: Juli 2007)
- STEINICKE, Ernst: Europaregion Tirol, Südtirol, Trentino. Spezialexkursionen in Südtirol. Band 3. Innsbruck (2003)
- TASSER, Erich/ TAPPEINER, Ulrike/ CERNUSCA Alexander: Südtirols Almen im Wandel. Ökologische Folgen von Landnutzungsänderungen. Bozen (2001)

Abbildungsverzeichnis:

- Abb. 1: Trentino-Südtirol

  Quelle: http://de.wikipedia.org/wiki/Bild:Trentino-S%C3%BCdtirol_in_Italien.png)

- Abb. 2: Etschtal zwischen Meran und Bozen

  Quelle: http://de.wikipedia.org/wiki/Etsch

- Abb. 3: Der Ortler

  Quelle:www.suedtirolerland.it/suedtirol/siteSLdeSLe2wSLarticle.phpQMQidEQQ4492
  NNDcategory_idEQQ82.html

- Abb. 4 : Provinzen von Südtirol

  Quelle:http://de.wikipedia.org/wiki/Bild:Comunit%C3%A0_comprensoriali_Alto_Adig
  e.svg

- Abb. 5: Seiser Alm

  Quelle: www.suedtirol-blog.com/2006/08/22/seiser-alm-schlern-die-schoensten-berge-
  suedtirols/